稳稳震震科普馆

郭 媛 吴嘉贤 编
黄静宇 绘

科学技术文献出版社
·北京·

图书在版编目（CIP）数据

稳稳震震科普馆 / 郭媛，吴嘉贤编；黄静宇绘 . —北京：科学技术文献出版社，2023.5

ISBN 978-7-5235-0175-7

Ⅰ. ①稳… Ⅱ. ①郭… ②吴… ③黄… Ⅲ. ①地震—普及读物 Ⅳ. ① P315-49

中国国家版本馆 CIP 数据核字（2023）第 071112 号

稳稳震震科普馆

策划编辑：王黛君　　责任编辑：王黛君　吕海茹　　责任校对：张永霞　　责任出版：张志平

出 版 者	科学技术文献出版社
地　　　址	北京市复兴路15号　　邮编　100038
编 务 部	（010）58882938，58882087（传真）
发 行 部	（010）58882905，58882868（传真）
邮 购 部	（010）58882873
官方网址	www.stdp.com.cn
发 行 者	科学技术文献出版社发行　　全国各地新华书店经销
印 刷 者	北京地大彩印有限公司
版　　　次	2023 年 5 月第 1 版　2023 年 5 月第 1 次印刷
开　　　本	787×1092　1/12
字　　　数	42千
印　　　张	$3\frac{1}{3}$
书　　　号	ISBN 978-7-5235-0175-7
定　　　价	49.80元

版权所有　违法必究

购买本社图书，凡字迹不清、缺页、倒页、脱页者，本社发行部负责调换

腾腾震档案

这一位是全球曝光率达到每年500多万次、平均每天1万多次，具有山呼海啸、山崩地裂式震撼力的地震本尊——腾腾震，我们亲切地称它为**震震**。

"骚动"的眉毛

震震的眉毛就像地震波形图，随着心情的变化，形状也会有所变化哦！

暖暖的粉红色

震震有着一副暖粉色的身躯，那是因为它还有一颗"炙热"的心呢！

地球的结构

你没猜错，震震就是地球"躁动"的产物，所以它跟地球一样有"内涵"。

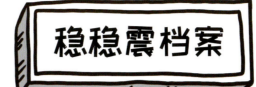

这一位是对震震有着跨越山海般执着的角色——稳稳震，毕生都在为减轻震震带来的伤害而工作，我们亲切地称它为**稳稳**。

 ### 大声公，也就是大喇叭

地震来袭，稳稳就会用大声公发出预警。

 ### "稳定"的眉毛

稳稳的眉毛就跟它的个性一样稳重，看着就特别有安全感。

 ### 百宝背包

既是应急包，也是百宝包。

 ### 应急装扮

黄色的雨衣能防水，厚底雨靴和手套能保护稳稳不被尖硬物刺伤。

众所周知,震震(地震)不"发飙",就像"透明人"……

但是震震(地震)一"发飙"……

地球的结构

像种食物!

我们的地球就像这颗夹心脆皮巧克力!最外层的脆壳像地球的地壳,入口即化的巧克力夹心像是地幔,中间硬硬的坚果就像是地核。

地壳和一部分上地幔组成了板块,地球表面的板块就像裂了缝的巧克力,分成了十几块。

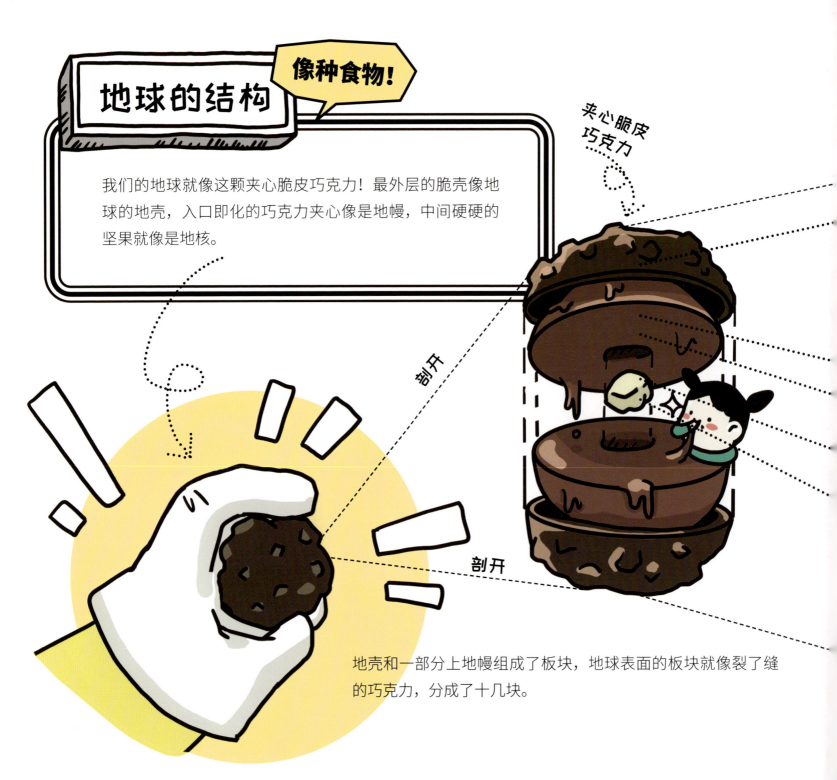

由于地核的温度很高,导致包裹着它的地幔像融化的巧克力一样变成了软软的稀糊状,地幔表面的地壳也被带动得到处碰撞。

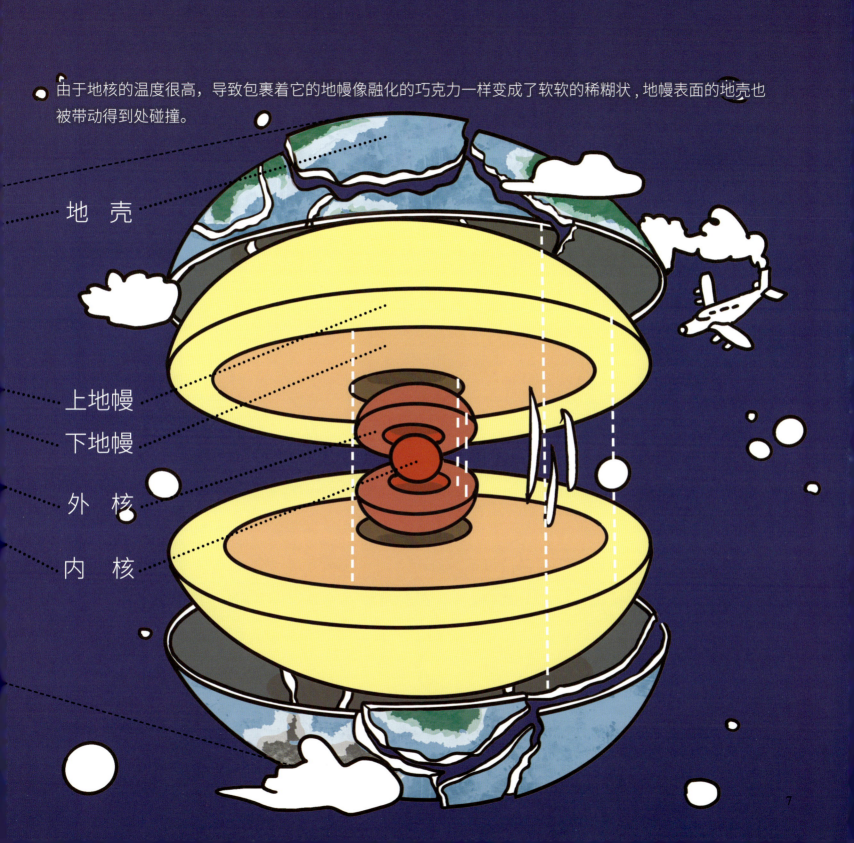

正因为每个板块都处于不断地缓慢移动之中,一个不小心相互之间碰到了、挤断了、反弹了,使构成板块的岩石破碎了,都会引起"震震发飙",地震就这样猝不及防地发生了!

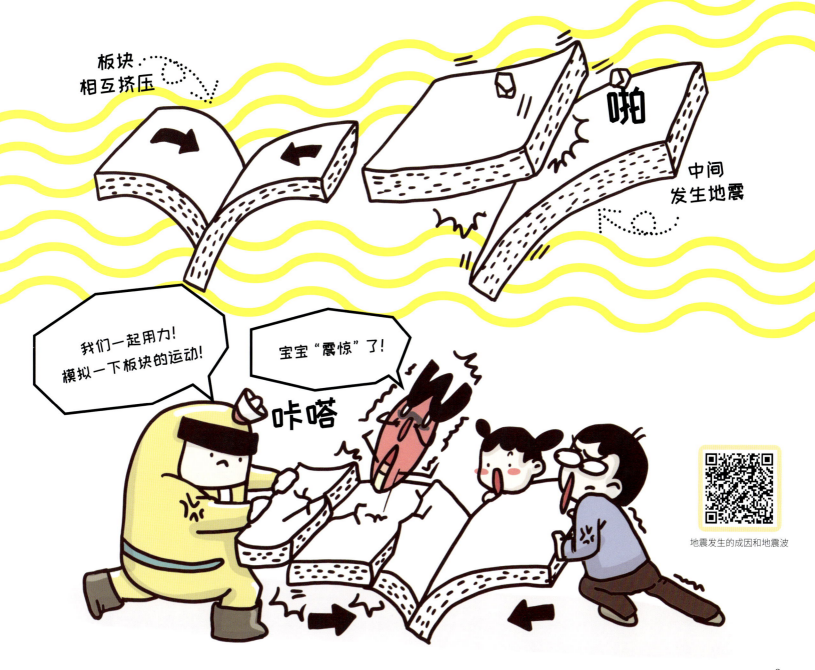

地震发生的成因和地震波

地震都一样吗？

不一样！

震震发起飙来不都是上房揭瓦型的，破坏程度也分三六九等的，主要得看这次震震"痛的规模有多大"（**震级**），"伤得有多深"（**震源深度**）了。

往往"伤得越深"，表面越"平静"，"伤得越浅"，表面越"不安分"。当然，还取决于你离发飙的震震有多远（**震中距**）。

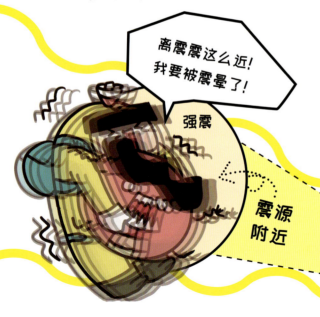

一次地震的震级和烈度，其实是不同的概念。
假设灯泡就是震源地，它的功率就是震级的大小，是不变的。

而烈度则表示不同地方受到地震影响和破坏的程度，就像上图中每个地方感受到的光亮程度不一样，每个地方的烈度也是不一样的。

中国地震烈度表

I 无感

仅仪器能记录到

II 微有感

个别敏感的人在完全静止中有感

III 少有感

室内少数人在静止中有感，悬挂物轻微摆动

VII 房屋损坏

房屋轻微损坏，牌坊、烟囱损坏，地表出现裂缝，喷沙冒水

VIII 建筑物破坏

房屋多有损坏、少数破坏，路基塌方，地下管道破裂

IX 建筑物普遍破坏

房屋大多数破坏、少数倾倒，牌坊、烟囱等崩塌，铁轨弯曲

多有感

室内大多数人、室外少数人有感，悬挂物摆动，不稳器皿作响

惊醒

室外大多数人有感，家畜不宁，门窗作响，墙壁表面出现裂纹

惊慌

人站立不稳，家畜外逃，器皿翻落，简陋棚舍损坏，陡坎滑坡

建筑物普遍摧毁

房屋倾倒，道路毁坏，山石大量崩塌，水面大浪扑岸

毁灭

房屋大量倒塌，路基堤岸大段崩毁，地表产生很大变化

山川易景

一切建筑物普遍毁坏，地形剧烈变化，动植物遭毁灭

地震是怎么搞破坏的呢?

有三招!

为什么这位地震界武林高手震震的威力能让有些房屋土崩瓦解呢？秘籍就是用来传播地震能量的"拆房绝招"——**地震波**！地震波分三招，一招比一招猛！

专业拆房多年，看我独门"拆房三招"！

第一招：纵波

震震的第一招速度较快，是会让中招地区感觉在上下跳动的纵波，它能让建筑物上下颠簸，承重的柱子和墙体会松动。

上下上下

上下上下

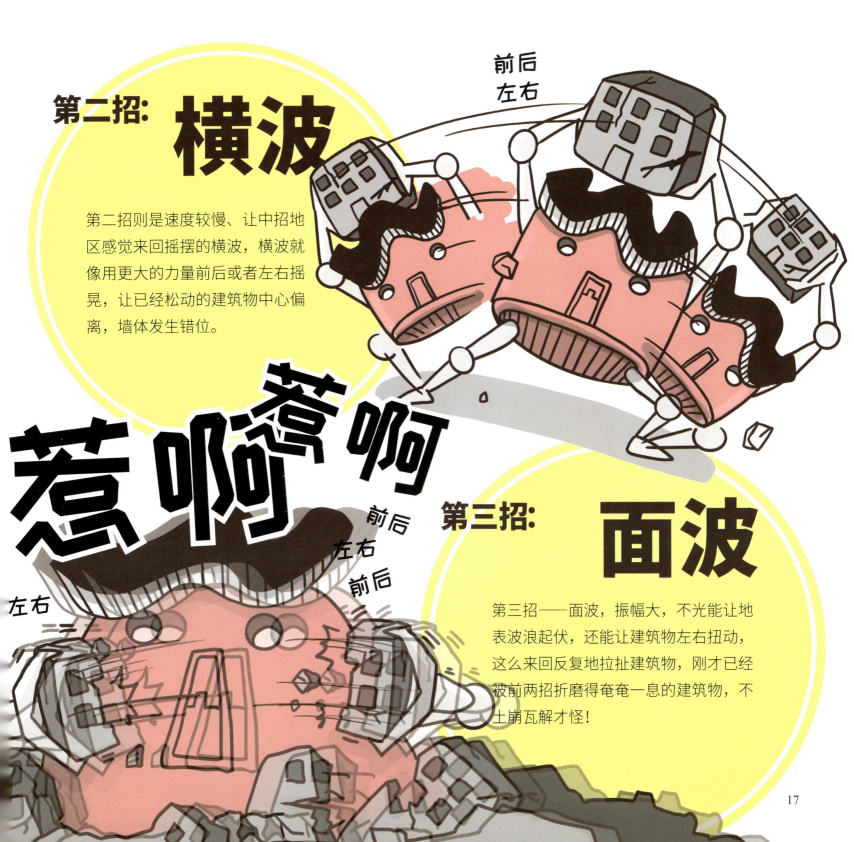

第二招：横波

第二招则是速度较慢、让中招地区感觉来回摇摆的横波，横波就像用更大的力量前后或者左右摇晃，让已经松动的建筑物中心偏离，墙体发生错位。

第三招：面波

第三招——面波，振幅大，不光能让地表波浪起伏，还能让建筑物左右扭动，这么来回反复地拉扯建筑物，刚才已经被前两招折磨得奄奄一息的建筑物，不土崩瓦解才怪！

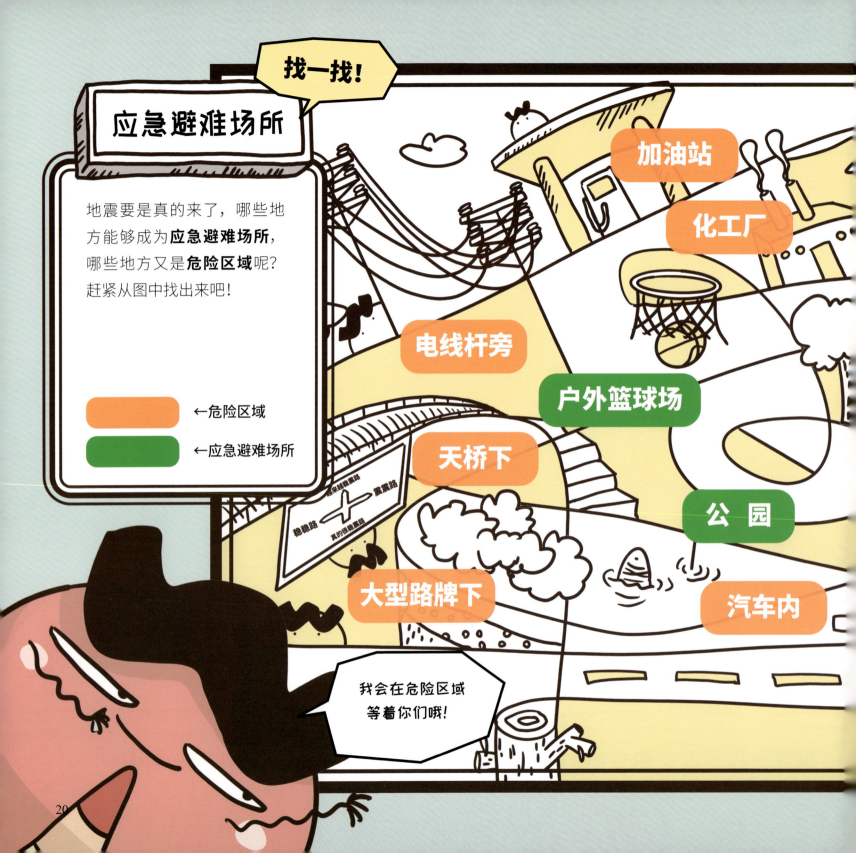

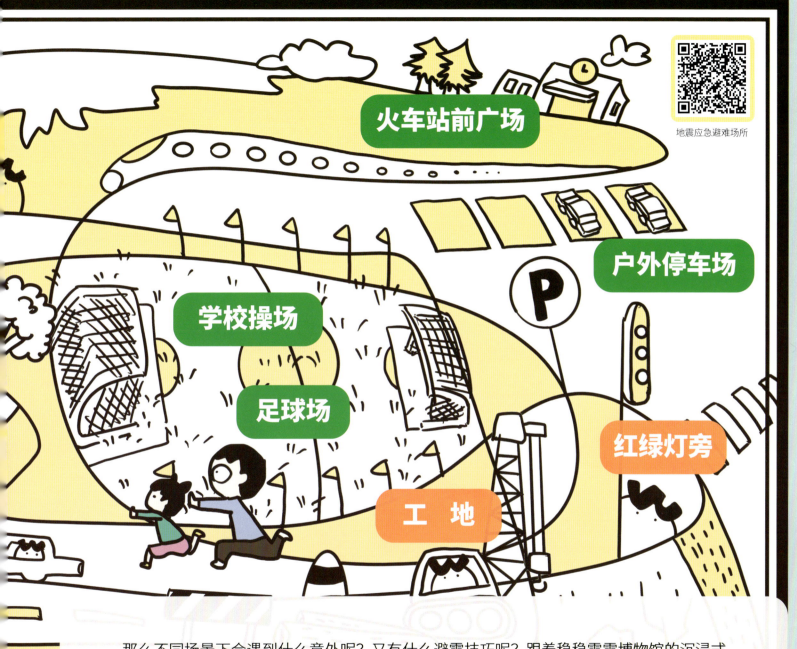

那么不同场景下会遇到什么意外呢？又有什么避震技巧呢？跟着稳稳震震博物馆的沉浸式《避震宝典》学习一下吧！

教室避震

学起来！

如果地震发生的时候，你正在下面的教室里上自习，你该怎么做呢？

○ **躲在讲台下**
结实的讲台可以遮挡天花板掉落的东西，以及分担部分倒塌物的压力。

△ **躲在教室墙角**
虽然墙角是容易形成支撑的相对安全的区域，但这间教室的墙角上有空调，地震发生时可能会脱落砸人，并且旁边窗户上的玻璃也可能会碎裂伤人。

△ **躲在教室立柱旁**
虽然这里有支撑柱，容易形成相对安全的区域，但上方有挂件，容易下落砸伤人。

○ **就近藏课桌下**
结实的课桌可以遮挡天花板掉落的东西，以及分担部分倒塌物的压力。

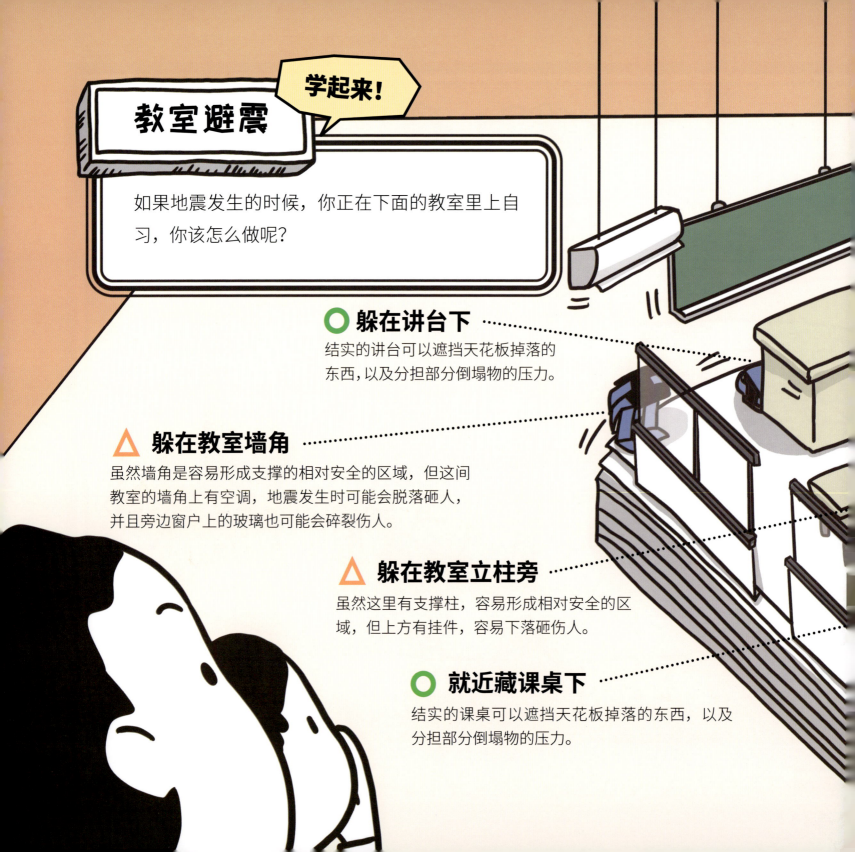

✗ **第一时间跑出教室**
在教室里遇到地震，应该就近躲避，等震后有序逃生，防止震时因人群拥堵浪费逃生时机。

✗ **跑往教学楼天台**
地震时楼层越高，晃得越厉害，在天台躲避容易摔伤或被晃出建筑。

△ **立即往楼下跑**
条件允许的情况下要尽快撤离教学楼，但注意有序撤离，避免踩踏事件。

地震自救小知识

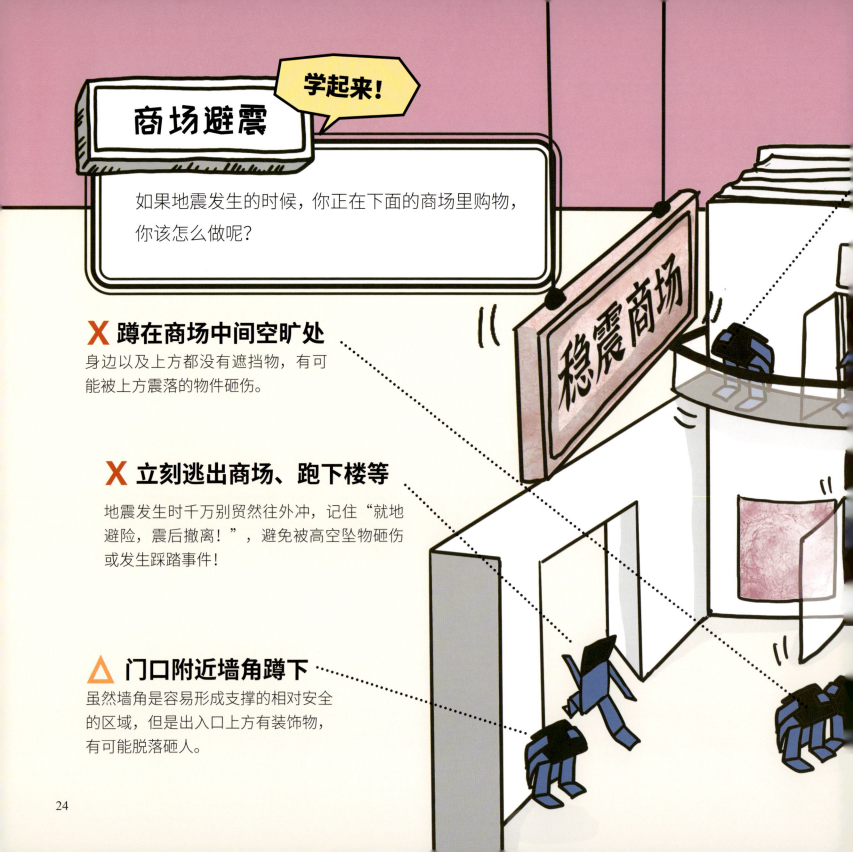

商场避震

学起来!

如果地震发生的时候,你正在下面的商场里购物,你该怎么做呢?

✗ 蹲在商场中间空旷处
身边以及上方都没有遮挡物,有可能被上方震落的物件砸伤。

✗ 立刻逃出商场、跑下楼等
地震发生时千万别贸然往外冲,记住"就地避险,震后撤离!",避免被高空坠物砸伤或发生踩踏事件!

⚠ 门口附近墙角蹲下
虽然墙角是容易形成支撑的相对安全的区域,但是出入口上方有装饰物,有可能脱落砸人。

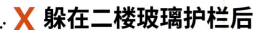

✗ 躲在二楼玻璃护栏后
小心玻璃碎裂伤人,或者因为摇晃跌出二楼。

✗ 往店铺跑
店内不仅货架多容易砸伤人,而且容易被困,不利于逃跑。

○ 就近在商场墙角躲避
只要注意避开门窗、橱窗和广告牌,紧靠大厅的拐角、墙根躲避是正确的。

✗ 货架下躲避
货架和商品倒塌会砸伤人,震时要避开货架和商品躲避。

○ 躲在试衣间
蹲在试衣间这类小开间的墙角以免被砸伤,但注意不要关门,以免因为门变形而被困。

户外避震

学起来!

如果地震发生的时候,你正在马路上,你该怎么做呢?

⭕ 跑到空地避险
地震逃生的最佳选择,就是"迅速逃离到远离建筑物的空旷地方"。

⚠ 蹲在路边
蹲在远离建筑物的马路边是正确的选择,但要避开"可能会倒塌"的路灯。

⭕ 靠着路边的车蹲下
停在路边的车辆有一定的遮挡作用。

❌ 躲在玻璃棚下
玻璃棚有破裂坍塌的风险,不适合躲避。

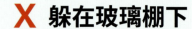

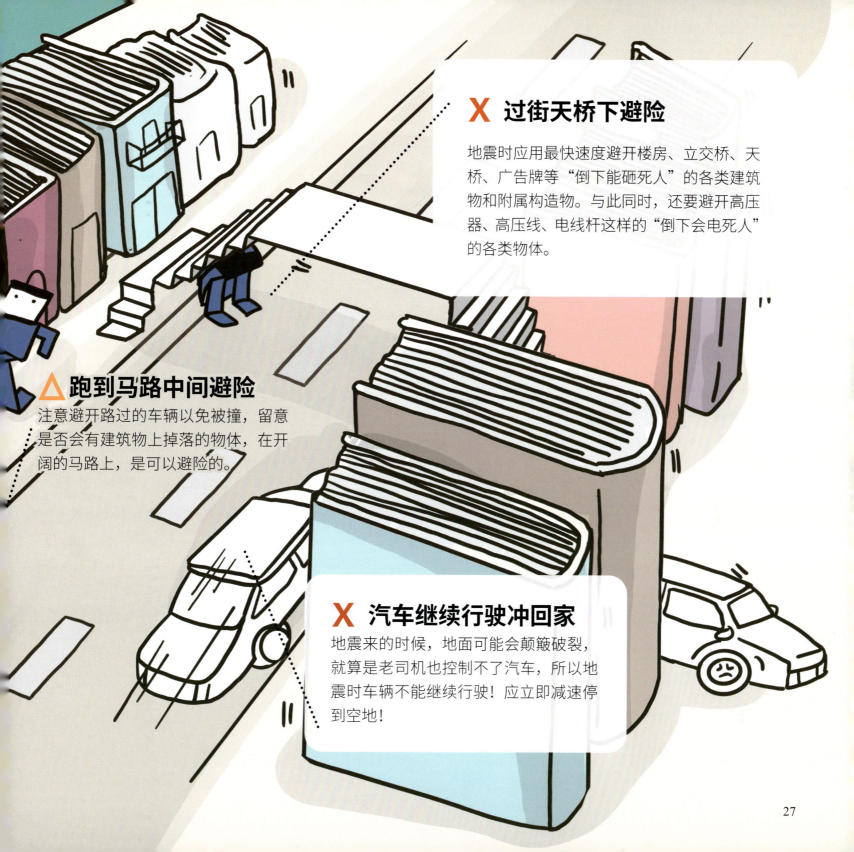

✗ 过街天桥下避险

地震时应用最快速度避开楼房、立交桥、天桥、广告牌等"倒下能砸死人"的各类建筑物和附属构造物。与此同时，还要避开高压器、高压线、电线杆这样的"倒下会电死人"的各类物体。

△ 跑到马路中间避险

注意避开路过的车辆以免被撞，留意是否会有建筑物上掉落的物体，在开阔的马路上，是可以避险的。

✗ 汽车继续行驶冲回家

地震来的时候，地面可能会颠簸破裂，就算是老司机也控制不了汽车，所以地震时车辆不能继续行驶！应立即减速停到空地！

郊外避震

学起来！

如果地震发生的时候,你正在郊外露营,你该怎么做呢?

✗ 沿着滚石落下的方向跑
通常滚石落下的速度比人跑步要快,所以要选择滚石落下的垂直方向奔跑,否则很难跑出落石滚动的地带。

✗ 躲进帐篷
帐篷脆弱,无法抵御滚石的撞击。

○ 躲在地面凹陷处
由于惯性,滚石会直接越过凹陷处上方,我们可以抱头躲在里面。

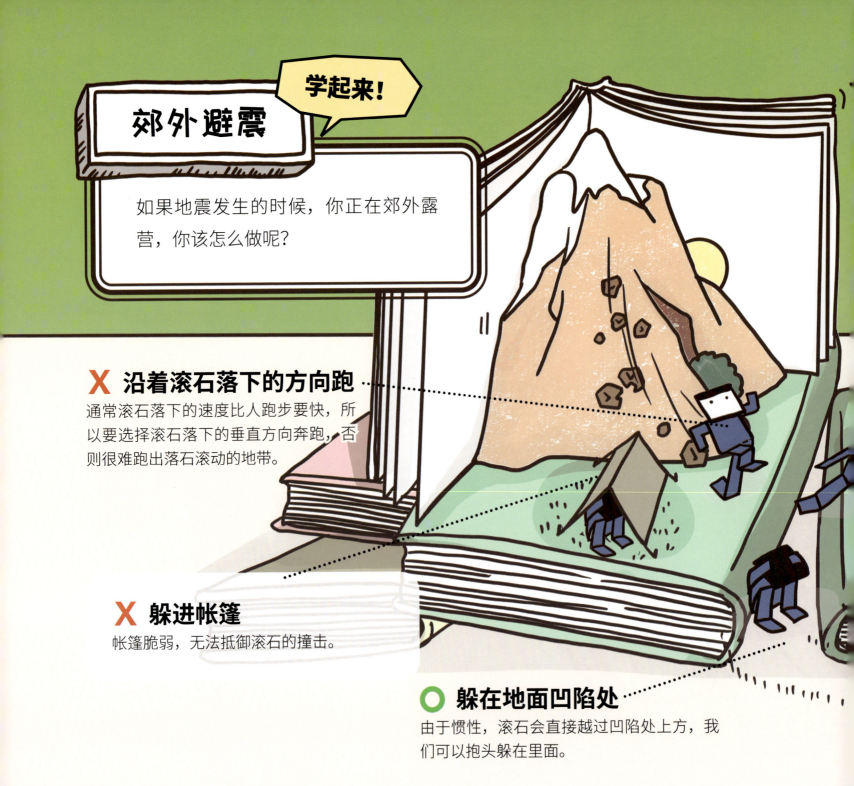

海边避震

学起来！

如果在海边遭遇了地震，要是这时观察到海水短时间内发生退潮，有可能是海啸发生的前兆，那我们要如何逃生呢？

⚠ **跑往建筑物顶层**
近海低矮的建筑可能会被海啸所引发的巨浪摧毁。

🟢 **逃向最近的山上**
高山可有效抵御海啸所引发的巨浪冲击。

🟢 **开车往高处撤离**
开车往高处撤离，能更快离开现场。

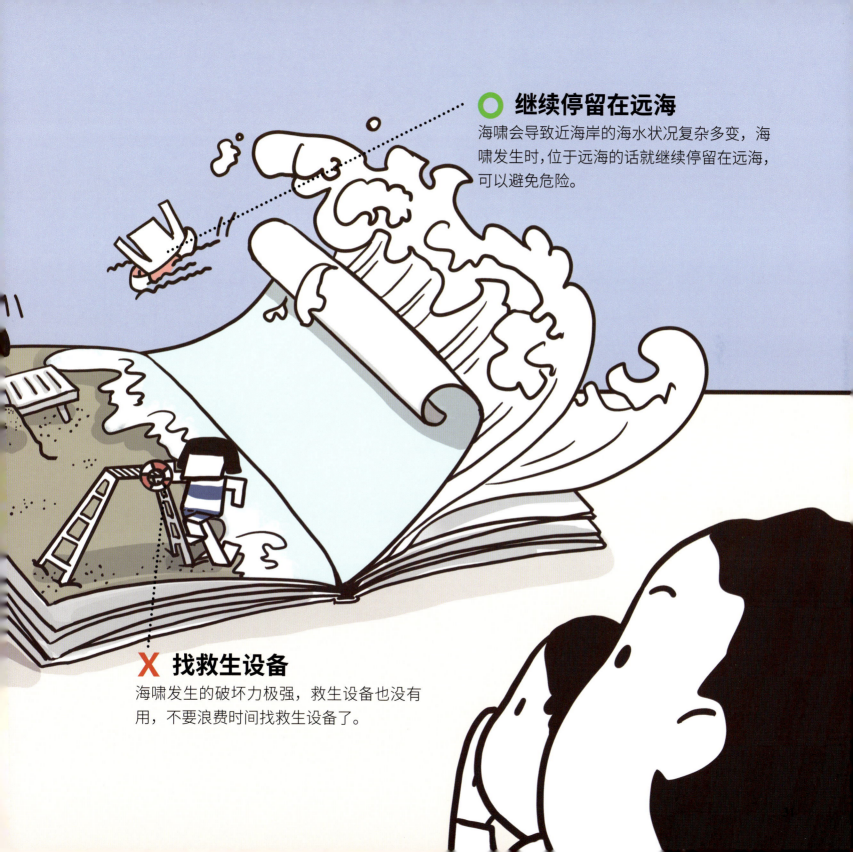

⭕ 继续停留在远海
海啸会导致近海岸的海水状况复杂多变,海啸发生时,位于远海的话就继续停留在远海,可以避免危险。

❌ 找救生设备
海啸发生的破坏力极强,救生设备也没有用,不要浪费时间找救生设备了。

家庭安全隐患 要排查!

当然,当地震真正发生的时候,总是让人猝不及防……家具倒塌、电器飞出、双脚和灵魂双双出鞘,而我们可能什么都做不了……

那我们只能听天由命了吗?当然不是!只要我们日常注意排除家庭安全隐患,可以在地震发生的当下什么也不做,却拯救了自己。

采取玻璃防爆措施

窗户使用钢化玻璃,或者贴上防爆膜,又或者一幅薄窗帘也能防止碎玻璃四溅。

不在窗台上放花盆

不要将花盆摆放在窗台上,以免地震时坠落伤人。

不在安全通道堆积杂物

物品堆积在通道及门口,地震时会阻挡逃生。

使用能固定的灯具

地震时，吊灯最容易摇晃掉落，选择能固定在天花板上的灯具更安全。

关好以及固定柜门

固定所有的壁柜门，特别是高处的门，避免地震时柜门打开，碗碟、锅具等物品掉落。

笨重物品不放高处

不可将笨重物品摆放过高。将物品堆积在家具顶部，地震时物品倾倒易砸到人。

固定好电器

家用电器：电视机、音响、电脑、微波炉等电器需固定，避免地震时移动掉落。

高大储物柜固定在墙上

将高大的储物柜顶角固定在墙壁上，避免倾倒。像衣柜、书架、碗柜等家具，在地震的时候都有可能突然倒塌造成伤害，所以平时就要将这些家具固定好。

检查一下家里，该固定的都固定了吗？

地震来了怎么办？

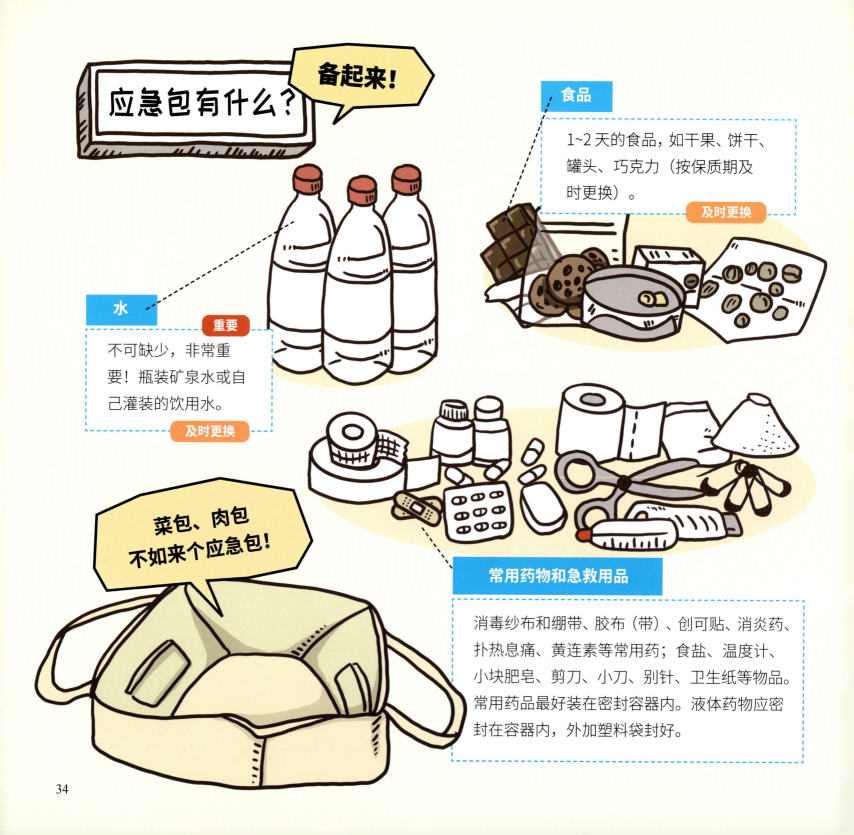

塑料布、塑料袋

塑料布、塑料袋可防潮保湿，小塑料袋可处理人体废弃物。

收音机

袖珍收音机及备用电池，以收听震情和救灾情况。

手电筒和应急灯

最好是高能碱性电池（要及时更换）的。

及时更换

哨子

吹哨子可以帮助救援人员找到你。

优质手套、工具

优质手套、钳子、改锥等，在自救、呼救时使用。

其他必备用品

纸、笔，重要的通讯录，重要证件的复印件，血型证明，适量现金。

家庭应急自救物品你准备好了吗？

震震虽然可怕,但它给我们带来的不仅限于灾难。
它其实也是一位伟大的艺术家。

绵延起伏的山脉、蜿蜒的海岸线、波涛翻滚的江河，还有人类居住的盆地和平原等，都是会引发地震的地壳运动的杰作，有它，才有了我们今天丰富的地貌和令人陶醉的遍地美景。

作者简介

郭 媛

广东省地震局高级工程师、广东省地震科普教育馆负责人,全民科学素质纲要实施工作先进个人,广东省首批科普讲师团成员,广东省地震科普传播师。其原创科普作品获得全国防震减灾优秀科普作品、广东省第二届应急宣传作品一等奖、广州市优秀科普微视频等奖励,其负责运维的广东省地震科普教育馆两度获得中科协授予的"全国优秀科普基地"。

吴嘉贤

广东省地震局信息中心信息科普室工程师,广东省地震科普教育馆专职讲解员,制作地震科普作品 20 余部,多部作品获得中国地震局防震减灾科普优秀作品。

黄静宇

笔名黄大头,科普漫画 IP"头都大"的创始人,科普作家,插画师,导演。曾任《鲁豫有约》节目导演、《超级演说家》执行总导演、《谁语争锋》总导演。著有畅销科普绘本《头都大!我不是一本正经的备孕书》,获由国家卫生健康委员会、中国科技部、中国科学技术协会主办的《新时代健康科普作品征集大赛》科普图书类十佳作品、第五届中国科普作家协会优秀科 普作品奖(图书类)银奖等多项各级科普奖项。